「環境を守る」とはどういうことか

環境思想入門

尾関 周二／環境思想・教育研究会 編

表紙写真（新潟中越地震から復興した旧・山古志村の棚田）＝尾崎寛直撮影

岩波ブックレット No. 960

序論　「環境思想」とは何か

尾関周二

二〇世紀の一九七〇年代初頭、ヨーロッパの代表的な経済人の集まりであるローマクラブによって『成長の限界』が発刊され、このままの経済成長が続けば、有限な地球は破綻するであろうということが示された。それ以降、一挙に地球環境問題が国際的な関心を引く「世界的問題」となり、種々の国際会議が開催されるようになった。その結果、今日、「環境を守る」ということは、ローカルなレベルから始まってグローバルなレベルに至る、様々なレベルにおいて取り組まねばならない「世界的問題」とされるようになってきた。

この間のこうした動きと連動して、環境系の自然諸科学が重視されるとともに、環境やエコロジーをめぐる哲学・倫理学的な思想の本格的な探求が生まれた。その営みのなかで、隣接する社会学、政治学、経済学、教育学など種々の分野への関心が高まると同時に、それらの分野で環境・エコロジーをめぐる思想的関心が深められていくことになった。やがて、そうした動きが合流しつつ今日、「環境思想」という学際的な性格の独自の学問分野の確立が課題となったといえる。

こうした課題に応える研究会として、二〇〇五年、環境思想・教育研究会が発足し、その研究誌『環境思想・教育研究』の刊行を続けている。この間に有力な若手研究者がこの研究会を基盤に育ってきて、今回、本書を発刊できることとなった。本書では、環境思想のポイントになる幾つかの論点を具体例を交えてわかりやすく記述するよう心がけた。そこで明らかになるのは、自然科学系の環境科学と違って、環境問題はじつは人間存在や社会のあり方と深く結びつく思想の問題でもあるということである。「環境思想」という学問の魅力は、環境問題を通じて我々の時代を深く反省し、それの解決を目指して我々の生き方や将来社会を考えることにあろう。

次に、各章の論点やキーワードについて、それを取り上げた理由と要点を簡単にふれておこう。

第一章では、そもそも「環境」とは何かを考える。「誰にとっての環境」かという視点の重要性を、二〇世紀初頭の生物学者ユクスキュルの「環世界」にふれて指摘する。また、人間にとっては「自然環境」と「社会環境」の両方を考える必要があること。さらに、社会環境は集団によって違い、そのことが、環境倫理(第二章)や環境正義(第五章)の問題につながる。

第二章では、そういった「環境を守る」ために我々はどうしたらよいかを考える。まず、これまで環境思想でよく議論された倫理・道徳の原則をたて、それで行為を規制できれば守れるのかを考える。そこで提案された「自然の内在的価値」や「自然の権利」という考えと、その問題点を明らかにして、環境を守るためには人びとの人柄や性格の涵養が重要であることを指摘する。

第三章では、イルカ漁などの生業や農業をめぐる獣害問題などにおける、動物と生身の人間の具体的関わりのなかで「自然の価値」の様々なあり方を考えて、「野生動物との共生」環境を考える。

第四章では、人類はこれまで自然に働きかけるという「自然の社会化」を通じて「社会環境」を形成してきた。そして、近代以降の「自然の社会化」では、土地(自然)や労働力(人間)が「商品」として売り買いされる市場経済社会や工業化社会が誕生したが、これが人間と自然の物質循環に大きな影響を与えていることを明らかにする。

第五章では、福島第一原発の事故を「環境正義」や「環境レイシズム」という環境思想のキーワードから考えてみる。そして、環境正義は日本においては、「公害」という名のもとに早くから議論されてきたことを指摘する。

第六章では、現在の環境危機を克服して将来社会を目指す際に国際的に掲げられた「持続可能な発展」について考える。人びとが関わる自然環境や社会環境は過去から未来へと時間の流れのなかにあり、将来世代との関係も考慮に入れた持続可能な発展の考えが重要となる。

各章を通読されると、環境思想は全体的な捉え方やつながり（相互依存）を重視する考え方であることが理解されよう。冒頭で、環境・エコロジー問題は世界的問題であることを述べたが、これは、より広い視野で環境問題を他の諸々の「世界的問題」とのつながりのなかで捉える必要があるということである。読者にこのことを念頭に置いて読んでほしいので、以下に「世界的問題」とは何か、少しふれておこう。私は次のようなものが挙げられると思う（詳しくは、拙著『多元的共生社会が未来を開く』（農林統計出版、二〇一五年）を参照されたい）。

第一は、人類絶滅をもたらす核戦争の脅威の問題である。

第二は、地球環境や生物多様性を根底から脅かしている環境・エコロジー問題である。

第三は、食をはじめとする衣食住といった生存手段を安全・安心に確保していく問題である。

第四は、一国内的またグローバルに拡大する生存条件の様々な格差の問題である。

第五は、「人口爆発」と呼ばれる人口問題である。

環境系の諸学問が取り組もうとしているのは、第二の世界的問題であり、地球温暖化などがすぐ頭に浮かぶが、この問題は同時に、「持続可能な社会」という提起を通じて他の世界的問題と密接に絡み合っている。このことを認識することは、環境思想のリアリティとして重要である。この認識がないことが環境思想の一部の潮流のなかに無力感を生むのである。第一の「核」問題と第五の「人口」問題が環境問題に多大な影響があることは容易に理解されるので、ここでは第三と第四の問題に主にふれておこう。

第三の世界的問題である食や農林水産業に関わる問題は、環境問題につながっていることはみえにくいかもしれない。しかし、じつは、各国の大きな利害が絡むだけにその問題の深刻さは隠蔽される傾向が強いのである。特に日本の場合に、他の先進資本主義国にはみられないような四〇%以下という食料自給率にもかかわらず、なぜか自国の耕作放棄地は拡大しつつある。そして、発展途上国などの他国から農産物(水産物、材木等を含む)を大量に輸入することによってフード・マイレージ(食料輸入重量×輸送距離)問題で地球環境に深刻な影響を与えている。それとともに、発展途上国では、伝統農業をプランテーションなどの換金農業へ転換させることによって、世界経済の価格変動や気候変動にさらされ環境破壊や飢餓の危険性を増大させている。

第四の一国内外の格差や不平等の増大は、環境問題とは直接関係がないようにみえるかもしれない。しかし、資本主義の成長主義をめぐって深く結びついているのである。もとより戦後の先進資本主義国における「豊かな社会」への成長主義が環境・エコロジー問題を二〇世紀後半に引き起こしたが、これは同時に南北間格差をも拡大したのである。そのことは、エコロジカル・フットプリント（人間生活の地球環境へ与える負荷）の指標が示すように、日本や米国の現在の生活を途上国の人びとも同じようにすれば、各々地球二・四個分、五・三個分が必要ということに象徴されていよう。そしてさらに今日では、先進資本主義国での需要が低迷するなかでの無理やりの経済成長戦略は格差を拡大し、国内の非正規労働者や貧困層の拡大をもたらしている。

このように、環境思想の視点は、環境問題が他の世界的問題と複雑に深く絡み合っていることを認識させてくれ、その解決へ向けては、身のまわりの地道な一歩一歩の努力とともに、こういった世界的問題を構成している「世界システム」の変革がまた目指されねばならないことを理解させてくれよう。これらの世界的問題を構成する世界システムは約五〇〇年前に西洋で始まった近代化の過程において資本主義の生成とともに生まれてきたことを認識することが重要である。したがって、それの抜本的な解決をはかるには〈近代〉批判が必要であり、近代を超える〈脱近代〉の文明を展望することが必要であるという視点が重要であろう。

ここでいう脱近代は決して、前近代へと戻るということではなく、人権や平等の観念などの近代の積極面を踏まえつつ近代の否定面を克服していくということを含意している。特に成長主義の原動力である資本主義システムの批判を通じて新たな世界システムを展望していくことが環境・エコロジー問題の根本的な解決につながっていくと思うのだが、これは問題提起と受け止めてほしい。この後、各章で環境思想のポイントの議論がなされるが、その背景に新たな世界システム、新たな文明の探求という大きな課題があることを念頭に置いてほしいと思う。

第一章　「環境」とは何か
——「自然環境」「社会環境」「人間」の関係性

上柿崇英

はじめに——ひとつの思考実験から

「環境」という言葉を耳にするとき、読者は何を連想するだろうか。緑豊かな森林の情景、最近では気候変動に伴う異常気象や災害をあげる人がいるかもしれない。では「環境を守る」といった場合はどうだろう。開発によって失われる熱帯雨林、絶滅が危惧される野生動物、あるいは企業が宣伝する「環境に優しい日用品」、「エコな自動車」、そうしたものがあげられるだろう。

しかし、ここで想定されている「環境」とは、そもそも何なのだろうか。ひとつの思考実験をしてみよう。仮にいま、この地球上で、人間を含む現生生物にとってきわめて有害な物質Xが、人間活動によって、とてつもない規模で環境中に放出され、その結果、現在の生命の大半が絶滅したとする。そして大量の物質Xによって汚染された地球には、一〇〇〇年たって、物質Xに適応した新たな生命が誕生し、新しい生態系のもとで人類のような知的生命体が誕生したとしよう。このとき確かに、現生生物にとっては、物質Xの大量拡散は途方もない環境破壊だったはずである。しかしその未来の生命体にとってはどうだろう。もし未来の生命体にとって、物質Xが生命維持に不可欠なものとなっていた場合、彼らは〝古代の生物〟である人類の「環境破壊」を、はたして非難するのだろうか。

　ここから導かれる結論は、一見奇妙に思えるかもしれない。しかし実はこれときわめて似たことがかつての地球上では起こっているのである。それは、私たちの生存に不可欠なオゾン層や、酸素を用いた呼吸のメカニズムが、実際には過去の生命活動である「有害物質＝酸素」の大量放出という「環境破壊」の結果もたらされたものだったことを指している（川上紳一『生命と地球の共進化』ＮＨＫブックス、二〇〇〇年）。この思考実験が教えてくれるのは、私たちが「環境」を語るとき、それが「何者にとっての環境」なのかをしばしば曖昧にすること、そしてそのことがいかに多くの混乱をもたらすのかということである。したがって本章で考えてみたいのは、私たちが問題としている「環境」とは、そもそも何かということについてである。とりわけ「人間にとっての環境」とは何かについて、ここでは環境哲学的に考えてみたい。

そもそも人間にとって「環境」とは何か

　「環境」とは、常に「何者かにとっての環境」である。まずはこのことについて考えてみよう。実はこの規定は、「環境」という概念が、そもそも特定の「主体」を想定した際に、その「主体」を「めぐり囲むもの」を指すものだったことに深い関わりがある。先の〝物質Ｘ〟をめぐる思考実験で見たように、何を「主体」と想定するかで、「めぐり囲むもの」の実像はまったく異なるものになるからである。

　このことは、生物学的に考えてみるとわかりやすい。例えば二〇世紀初頭の生物学者である

J・ユクスキュルによれば、マダニという生物は、産卵期を迎えると樹上に身を隠し、地上を通る哺乳類に取りつくと、体毛を分け入って吸血し、その栄養素を用いて産卵する。マダニは、眼も見えなければ、音も聞こえない。それでもマダニが一連の行動をやってのけるのは、マダニが哺乳類の皮膚腺から発せられる酪酸を感知して樹上から落下し、皮膚上では体温を感知して頭を食い込ませる運動を反射的に行うからである。問題は、このときマダニにとって、世界はどのようなものとして成立しているのかということである。想像してみてほしい。盲目で無音の世界に生きるマダニにとって、リアルなものとは酪酸の匂いと周囲の温かさだけである。それは私たちが目で見て感じている世界とはまったく異質のものではないだろうか。ここからユクスキュルは、生物というものは、それぞれに異なる固有の「環境」世界を生きているという意味を込めて、それを「環世界」と名づけたのである。

こうした生物と「環境」の関係性について、さらに動物学者の小原秀雄は興味深い指摘をしている。小原によると、生物には、その生物種が想定している固有の生態環境、「広義の暮らしの場所(ハビタット)」というものが存在する。そして生物の本来の存在様式とは、〝生物体〟とそうした「ハビタット」が一体になったときに、初めて成立するというのである。例えばムササビという生物は、飛膜と呼ばれるひだを使って高所から滑空することができる。こうした生態的特徴が、森林という「ハビタット」と深く結びつく形で発達したことは明らかであろう。しかし生まれたばかりのムササビを、滑空できるような高所が一切存在しない、平坦な箱に閉じ込めて成育したとしよう。するとムササビは滑空するという本性を発現させることができなくなる。このときその個体は、確かに〝生物体〟としては野生のものと同じである。しかしその個体が、ここでムササビという〝存在〟を十全に確立していると、はたして言えるのだろうか。小原の指摘は、生物にとっての「環境」が、単に生物種に固有のものであるだけでなく、その〝存在のあり方〟を規定するうえできわめて重要であるということを示唆しているのである。

では、私たち〝人間〟の場合はどうなのだろう。注目したいのは、「人間にとっての環境」の場合、生物体と深く結びつく「ハビタット」が、単なる「自然環境」には収まらないという点である。人間という生物は、他の生物とは異なり、「自然環境」の上層に「社会環境」というものを自ら作り上げ、その二重の「環境」を「ハビタット」とするからである。

「自然環境」と「社会環境」

「自然環境」と「社会環境」が区別されることは、一見あたり前のようで、実際は「人間にとっての環境」の特徴をよくあらわしている。人間の世界においては、この二重の「環境」がきわめて普遍的な構造となるためである。例えば伝統的な山間部の集落においては、河川や奥山といった「自然環境」が土台となり、人間の関与によって、田畑や里山といった〝人工生態系〟が形作られている。他方でビルが乱立する大都市に「自然環境」はないのかというと、アスファルトの下には数多くの微生物を含んだ土壌が存在するように、やはりここにも二重の「環境」があることに気づかされよう。

このとき「社会環境」は、人間が人間であるために、きわめて重要な役割を担っている。例えば私たちも経験的に、地域や文化の違いなど、「社会環境」のあり方によって、人間の姿が驚くほど変わってくることを知っていよう。ひとことで〝人間〟といっても、遺伝的に与えられる生物としての「ヒト」の枠組みが、実際の「人間」として、いかなる形で調整され、発現されるのかは、かなりの部分で「社会環境」が決め手となるからである。

ここで注目してほしいのは、人間が作り出す「社会環境」というものには、目に見える「物質的な部分」と同時に、目には見えない「非物質的な部分」が存在するということである。「物質的な部分」には、例えば道具や構造物といったものがある。古代の石器や毛皮にはじまり、田畑や家屋、現代の高層ビルまで、これらはいずれも人間が、自然生態系に存在する物質の一部を人工的に組み替えたものである。それに対して「非物質的な部分」には、例えば言語や文化、より正確には、人々を秩序立てる社会制度や、私たちが物事を思考する前提となる概念や世界観といったものが含まれる。つまり「ヒト」が「人間」になるにあたっては、こうした「社会環境」の「物質的な部分」と「非物質的な部分」が、ともに重要な意味を持つのである。

環境哲学から見る現代社会の「持続不可能性」

このように「人間にとっての環境」の特徴を理解することは、今日私たちが環境問題、あるいは「持続可能性（サスティナビリティ）」と呼ぶものについて、大事な示唆を与えてくれる。

なぜなら人間にとって、この二重の「環境」は普遍的な構造でありながらも、「社会環境」の規模や形態そのものは、この二〇万年もの間、驚くほど変化を遂げてきたためである。例えば農耕の成立以前と以後とでは、「社会環境」が「自然環境」や人間に対してもたらす影響はまったく異なっている。これは農耕の成立によってはじめて、人間が生存の基盤となる食料生産のシステムを自ら大規模に組織化できるようになり、耕地や都市、階級や宗教といった形で「社会環境」が膨張・複雑化していったためである。「自然環境」と人間の間に、「社会環境」は分厚い層をなして広がってゆき、それによって人間は、自然淘汰の圧力から解放される。と同時に人間のあらゆる行為は、「自然環境」に対して、常に「社会環境」を媒介としたものになっていくのである。

そしてもうひとつのターニングポイントは、産業革命以降に化石燃料を基盤とした「社会環境」が出現したことと深く関わっている。石炭や石油といった化石燃料は、太古の生物に由来する有機物が変成したものであり、それをエネルギー源とすることによって、「社会環境」はそれまで〝歯止め〟の役割をはたしていた「自然環境」から、半ば独立して膨張できるようになった。このとき以来、科学技術によって「自然環境」からの影響をコントロールし、経済成長の論理のみによって、ひたすら膨張を続けていく「社会環境」が成立したといっても良いだろう。そのことによって「社会環境」は、「自然環境」が持つ生態学的な収容能力を超えてしまった。近年の激しい気候変動もまた、実はそうした「持続不可能」な「社会環境」がもたらす〝歪み〟としての側面があるのである。

おわりに――「人間」か「自然」かの二元論をこえて

本章では繰り返し、「環境」とは、常に「何者かにとっての環境」であるということを述べてきた。本章をふまえて読者に考えてほしいのは、まず「環境を守る」といっても、それが〝何者〟にとっての「環境」を指すものなのかを忘れてはならないということである。実のところ、すべての生物にとって良いといえる「環境」など存在しない。そして私たちが人間である以上、純粋に「人間のため」ではないと言い切れる環境保護も存在しないのである。

この主張には、私たちがこれまで「環境」を、「人間」か「自然」かという二元論であまりに語りすぎたことへの反省も込められている。専門用語を用いれば、「人間中心主義」なのか、「非人間中心主義（第三章では「自然中心主義」と表記）」なのかということになるだろう。実はかつて、こうした視点から、権利論や価値論を含む様々な環境倫理の学説、あるいは人間が自然生態系のなかで分相応に生きることを説いた、エコロジー思想といったものが展開されてきたのである。

しかし筆者は、本章で見てきたように、「環境」を考える上で重要なことは、まずもって「人間にとっての環境」の特性について理解すること、そして「自然環境」、「社会環境」、「人間」という三つの要素の関係性と、その歴史的な変遷過程を視野に、私たちが「環境危機」と呼んでいる事態の本質がどこにあるのかを見極めていくことであると考える。そして歯止めを失い膨張し続ける「社会環境」の「持続不可能性」に対して、私たちがどのように向き合っていくのか、そのことが問われていると考えるのである。

そしてこの問題は、ここでは終わらない。例えば現代社会には、多くの自殺者や〝うつ〟を抱える多くの人々がいるだろう。そのことは、膨張を続ける「社会環境」のなかで、もはや人間自身もまた、十分な適応をできなくなりつつある事態として理解できないか。あるいはもっと言えば、「環境」が常に「何者かにとっての環境」であるというならば、そもそも同じ人間同士であるとしても、私たちは、はたしてまったく同じ「環境」を生きていると言えるのだろうか。「社会環境」の内部で、その人がおかれている社会的な立場によって、「環境」として与えられる条件は違ったものになるかもしれない。こうしたところに、単なる「自然と人間の調和」では語りつくせない、社会病理や倫理道徳、社会正義といった問題にまで広がっていく、「環境」という概念の潜在力があるだろう。

文献案内

文中で取り上げた「環境」概念をめぐる考察については、以下の文献を参考にしてほしい。

J・ユクスキュル／G・クリサート『生物から見た世界』(日高敏隆／羽田節子訳)岩波文庫、二〇〇五年。

小原秀雄『現代ホモ・サピエンスの変貌』朝日新聞社、二〇〇〇年。

また「おわりに」でも言及したように、従来の環境思想は「環境」を、「自然」と「人間」の二元論によって捉える場合がほとんどであった。しかしそこにも、今日見るべきものは十分にある。その思想的な広がりについて知りたい読者は、以下を参考にしてほしい。

海上知明『環境思想――歴史と体系』NTT出版、二〇〇五年。

R・ナッシュ『自然の権利――環境倫理の文明史』(松野弘訳)筑摩書房、一九九九年。

アラン・ドレングソン／井上有一共編・監訳『ディープ・エコロジー――生き方から考える環境の思

想』昭和堂、二〇〇一年。

さらに本章で示した「人間にとっての環境」や「持続不可能性」の概念について詳しく知りたい読者は、以下を参照してもらいたい。

上柿崇英・尾関周二編『環境哲学と人間学の架橋――現代社会における人間の解明』世織書房、二〇一五年。

ここで筆者は、膨張を続ける「社会環境」に対して、人間自身が適応不全を引き起こす事態を指して「人間存在の持続不可能性」と呼んできた。巨大な社会システムに全面的に依存するようになった現代の人間は、そこで生きることに〝他者〟の存在がますます不要となる。そして科学技術がもたらす「人体改造」の可能性によって、若さと老い、男性と女性、子孫を産み育てるといった、従来の人間的な〝生の前提〟はますます無意味なものになりつつある。「意味のある関係性」のなかで生きたいと願う人間は、ここに深刻な存在論的な矛盾を抱えると同時に、直面する生の現実に対して根源的な動揺を抱えている。こうした人間学的問題について関心がある読者は以下を参照してほしい。

上柿崇英「現代人間学への社会的・時代的要請とその本質的課題――「理念なき時代」における〈人間〉の再定義をめぐって」『現代人間学・人間存在論研究』第一号、二〇一六年。(http://www.geocities.jp/persypersimmon/sg/journal.html)

第二章　環境問題を「道徳的に考えること」を考える

——自然の内在的価値概念の意義と限界

熊坂元大

はじめに——環境問題の論じ方

自然環境と調和した生活をおくるため、私たちにできることは沢山ある。環境保護団体に参加したり寄付するなど、まとまった時間や労力、資金を投入しなければならないことばかりではない。自動車やバイクよりも公共交通機関を移動手段とするなど、日々の暮らしのなかで実践できることを数え上げていけばきりがない。環境破壊が身近な生活と関連があることを知って、とくに見返りはなくとも環境保護（ここでは環境のさらなる美化や強靭化も含めて、便宜上、保護という言葉を使う）のために自分でもできることをしたいと思う良心的な人は少なくないだろう。

とはいえ、問題解決をすべて個人の良心にまかせることはできない。移動手段の例で言えば、地方では多くの家庭が複数の車を必要とするのが実情だ。筆者も地方都市に居住しているが、こちらで家を建てるとなれば駐車場は最低二台分を確保、来客対応や将来の売却のことを考えれば三台分以上を用意することを勧められる。そうした地域で公共交通機関を主な移動手段として暮らしていくことは、多くの人にとって不可能とは言わないまでもかなりの負担を伴うので、現状では主流のライフスタイルとなる見込みは小さいと言わざるを得ない。自然環境を保護するためには個人の内面の努力だけではなく、個人を取り巻く社会環境、すなわち行政や産業の構造を変えなければ、根本的には不可能なのである。だからこそ、環境問題についての多くの議論は、社会制度やそれを支える価値観がどのようなものであるべきかというテーマに取り組むのである。

ここまでの短い文章のなかに、すでに「良心」「価値観」「べき」といった語彙が見られるが、環境問題についての言説を観察してみると、かなりの頻度で道徳的な語彙が用いられていることがわかる。環境問題は、単なる技術論や法律論ではなく、ときに直接的に、ときに間接的に、道徳的問題として私たちの前に立ち現れるのである。だが環境問題について道徳的に考えるとは、どのようなことなのだろうか。

民主的な社会と環境保護

環境保護の実現について思いをめぐらせると、私たちはすぐに一つの難点に行き当たる。社会制度や価値観は、誰かが変えようと思ったからといって、すぐに変えられるようなものではないという点だ。民主的な社会には常に多様な意見が存在しており、むしろ多様な意見があるほうが望ましいと考えられている。それが環境問題に関してだけは、社会の構成員全員が一致した意見を持つことを期待できると考えるほど、楽観的な人はいないだろう。

見解が異なるとき、民主的な社会においては話し合いによって合意が形成されることが望ましい。とはいえ、望ましいことが当たり前に実現するわけではないのは世の常である。「国際社会で勝ち残るためには経済活動を停滞させるわけにはいかない」、「まずは人びとの生活水準を上げることが優先だ」など、環境保護をひとまず脇に置くための口実には、一定の説得力がある。開発や汚染の当事者が、こうした主張を放棄しない場合に何か良い方策はあるだろうか。

極端な環境破壊は自身の生存をも脅かすので、環境保護自体が嫌だという人は、まずいない。しかし、数ある個人的・社会的目標のなかで、環境保護が優先されることは決して多くはない。環境に過度の負荷を与える行為がもたらす被害は、その行為者から地理的・時間的に遠く隔たって発生することが多いし、因果関係にも曖昧な点がある。つまり、行為とその結果としての被害の関連が直接的なものとして見えてこないのだ。だが、もし環境を破壊する行為を、より直接的な被害をもたらすものとして描き出すことができたらどうだろう。私たちはもっと環境に配慮するようになるだろうし、配慮のない行為を規制することも容易になるだろう。このように考えたとき、自然の「内在的価値(intrinsic value)」という環境思想の文献に頻出する概念は、とても魅力的なものとなる。

内在的価値の概念

「価値がある」という言い回しは、多くの場合、何か(主に私たちの都合や目的)のために有益であるということを意味している。金銭について考えてみるとわかりやすいだろう。コインや紙幣など、それ自体とりたてて有益とも思われないものに価値があるのは、私たちが必要なものや欲しいものを入手するための道具として役に立つからである。だが価値のすべてが道具的なものではない。切手やキャラクターグッズのコレクターは、それが幾らで売れるか、何と交換できるかということばかり考えているのではない。むしろ彼らはコレクションの道具的価値以上に、収集・鑑賞の対象としての価値に重きを置いている。このように、何かほかのもののために役に立つということではなく、それ自体としての価値という意味を表すのが、内在的価値の概念である。コインや紙幣も、収集・鑑賞の対象として見た場合、内在的価値を有する。また私たちは人命や人権に高い価値を認めているが、これはその人に高額な生命保険がかけてあったり、権利を侵害すると多額の賠償金を請求されるから、いいかえれば人命や人権が多額の金銭と交換可能だからではない。金銭に置き換えるまでもなく、人命や人権には原則として尊い価値があるという道徳観は現代社会に広く浸透している。実は内在的価値という言葉は、単に収集・鑑賞の対象としての価値ではなく、このような道徳的な意味を込めて使われることが多いのである。

さて、環境保護に話を戻そう。もし自然に内在的価値が、それも道徳的な意味での内在的価値があるとしたらどうだろう。自然破壊によって引き起こされるさまざまな人的・社会的被害の発生を待つまでもなく、自然破壊それ自体が、動植物や生態系の権利侵害という人権侵害に近い深刻な道徳的問題を引き起こすものだということになる。環境思想では、人間以外の存在にも道徳的に配慮しなければならないという考え方を「非人間中心主義（non-anthropocentrism）」と呼ぶが、もし非人間中心主義を社会の基本方針に据えようとする試みが達成されれば、環境保護運動は極めて強固な土台が手に入ることになる。道具としての価値とは異なる価値であるはずの内在的価値が、環境保護を有利に進めるための一種の道具になるというのは、ある意味で皮肉な話ではある。とはいえ、環境問題という現代社会が直面する大きな危機を乗り越えられるのであれば、そのようなことは大した問題ではないのかもしれない。だが、内在的価値とそれにもとづく非人間中心主義という考え方は、環境保護を考えるうえでどこまで有効かつ適切なのだろうか。

行為の規制がすべてではない

内在的価値にもとづく非人間中心主義の考え方は、自然の道徳的価値や権利を主張することで、経済活動に伴う自然開発や汚染を規制し、環境保護の促進に役立つことが期待される。しかしながら、そこには二つの問題がある。一つは、規制を論じるだけでは一面的に過ぎるということだ。確かに私たちの社会はさまざまな規制があり、それらなくしては秩序や治安を保つことはできない。だが自分自身が子ども時代や大人になってから経験してきた社会生活を思い返してみよう。学校の授業であれ町内会や企業などの活動であれ、集団の活動が一定の秩序をもって遂行されるのは、その集団に属する個人が一定程度、自発的に集団の規則やその規則のもとにある理念を尊重していたからではないだろうか。規則に書かれていること以外は一切好き勝手に、いわば脱法的に振る舞おうとしてばかりの個人が集まったところで、集団を維持することはできない。だからといって構成員の一挙手一投足まで縛ろうとすれば、規制は極度に抑圧的なものとなり、結果として多くの逸脱や反抗を招いて、やはり集団を維持できなくなってしまうだろう。

環境保護のための規制についても同様のことがいえる。規制が機能するのは、規制の理念を尊重する集団の存在があってこそであり、すべてを厳格な規制で制御しようとすれば、自由な経済活動も民主主義も立ち行かなくなるだろう。なにより、人びとのあいだに、適切な規制やあるべき社会像を自ら発信する態度、あるいはそうした発信を行う個人や団体を支持するという態度なくして、社会を望ましい方向に変えていくことなどできるだろうか。自然の内在的価値にもとづくものに限らず、規制にばかり目を向け、市民の環境意識や道徳観の涵養に言及しない議論はこの点を見落としている。

私たちの自然観を考える

もう一つの問題は、自然に道徳的な内在的価値があるという着想自体にある。美しい山や川といった生態系、屋久杉のように太古より生育してきた植物には、確かに私たちの心に訴えかけるものがある。だが、これらの持つ価値がどのようなものか考えてみると、どうやら道徳的価値というよりは鑑賞の対象としての価値として説明したほうが、常識的な説得力があるように思われる。美しいものを保存しようという主張は決して無視されるべきものではないが、やはり道徳的価値に比べると規制の根拠としては弱い。

その一方で、動物に道徳的配慮を求める議論は、かなりの説得力を持つ。菜食主義者でなくとも、血を流し鳴き声をあげて苦しむ動物に、配慮は一切不要だという人はいないだろう。科学的にも、（少なくとも一部の）動物は痛みや恐怖を感じることが判明している。そこで、せめて動物に内在的価値と権利を認めるのはどうだろうか。そうすれば、動物たちの生息地を守るという名目で、環境保護を強く推し進めることができるかもしれない。実際、動物愛護の活動家のあいだで広く受け入れられている倫理学説は、動物が私たちとある程度同じ心理機能を持つということを根拠に動物は道徳的な内在的価値を持つと訴えることで、ある程度の成功を収めている。

しかしそれでも、動物の内在的価値に立脚した議論には、やはり私たちの多くが持つ自然観との乖離が見て取れる。たとえば、幼い子どもが無邪気な残酷さを発揮して、鋏でハツカネズミの細長い尻尾を切り落とそうとするのを見たら、私たちは「そんなことはやめなさい」と止めるだろう。では、子どもがトンボの細長い胴体を切断しようとしているとき、私たちは「トンボの神経組織は痛みや死の恐怖を感じるほど発達していたかな。発達していないなら止める必要はないのだが」などと逡巡するだろうか。ほとんどの人はしないはずだ。むやみやたらと植物を引きちぎろうとする子どもを、草木がかわいそうだからという理由で止めさせる大人も多いだろう。実際に心理機能が発達しているかどうかとは別に、私たちは生物への(ときには生物ではない生態系や人工物に対しても)配慮が必要だと感じるのである。これは、私たちの知識不足のためではないことは明らかだ。私たちは自然科学の知識にもとづく思考をしつつ、それとは矛盾するような、対象への配慮を含む思考を二重に行っているのである。

私たちと自然の関係を理解しようと思うならば、対象である自然の性質に目を向けるだけでなく、二重思考に見てとれる曖昧で首尾一貫しない自然観を、できるだけ明晰なものへと再解釈する必要がある。そして、おそらく私たちはこの作業なしには、環境に対する適切な態度は何かということを十分に理解できないだろう。自然の内在的価値という概念の意義は、環境保護運動の理論武装や法廷闘争のための道具として以上に、私たちをこの再解釈へと向かわせ、その助けとなりうることにあるのかもしれない。

環境と徳──私たちはどのような存在であるべきか

前々項で指摘した問題は、実は内在的価値という考え方に依拠しない経済的環境論や政治的環境論にもあてはまる部分がある。また前項でみたように、私たちは動物に強く道徳的配慮の必要性を感じる一方で、動物だけを特別扱いして、それ以外の自然に配慮しなくて良いという態度も納得できるものではない。こうした問題を考えるうえで示唆に富んでいるのが、環境思想の比較的新しい動向である環境徳倫理学である。「徳(virtue)」と聞いて、いかにも古めかしく大仰な印象を受けるようであれば、「望ましい性格的特徴(desirable character trait)」と言い換えても良いだろう。環境徳倫理学は、規制という行為に関わる規則ではなく、行為する私たち自身の人格や動機に焦点をあてる。言い換えれば「環境保護のために何をすべきでないか」ではなく「環境との関わりにおいて私たちはどのような存在であるべきか」を考えるものである。

環境保護に関わる徳にどのようなものがあるかについては、さまざまな見解がある。たとえばある論者は、自然の内在的価値を認めることが環境徳倫理学の基本だとするが、別の論者は環境徳倫理学があらゆる立場と協働可能だと主張する。ことさら環境徳という新しい徳を想定せずとも、有徳な人物であれば現代において環境保護を主張しないはずがないとも考えられるが、「自然への敬意(respect for nature)」を抱くことは、従来の徳倫理学では取り上げられることのなかった徳だとの声もある。いずれにせよ、環境と私たちとのあるべき関係はいかなるものかを考え、適切な関係を築こうとする態度が広く見られない社会で、環境保護の継続的な取り組みがなされるとは思えないし、十分な保護が達成されることもないだろう。それゆえ、環境徳とは何か、その涵養はいかにして可能か、という問題を検討することは、思想研究としてのみならず、環境保護の実践にとっても、大きな意義があると言えよう。

おわりに——道徳的に考えるということ

経済学者シューマッハーは、『スモール・イズ・ビューティフル』という環境思想の古典的著作で「その下ではだれもが善人である必要のないような完璧な制度を夢みる」ことを戒めるガンジーの言葉を紹介しているが、ここでガンジーが言わんとしているのは、まさに徳の涵養の必要性である。環境問題について「道徳的に考える」ということは、環境保護のための緻密な制度整備に取り組んだり、自然の性質や価値を分析して行為規則を導き出しさえすれば良いというものではない。本章で私たちは、そうした取り組みだけでは不十分であることを見てきた。

だが何よりも、「道徳的」という言葉が意味しているのは、制度や規則に従うということ以上のものなのだ。決まり事の背後にある理念を尊重し、それを時代や環境（自然環境であれ社会環境であれ）の変化に応じたものとして解釈し直すことに、自ら取り組もうとする知的姿勢といった望ましい態度が敬意を呼び起こす。そうした性格的特徴なしに、規定事項であるからとか、それが利益になるからという理由で決まり事を守るに過ぎない人物を、私たちは道徳的な人物として評価しないだろう。道徳的であろうとして自分自身のあり方を省察することが、道徳的に考えるということの本質であり、ガンジーの意図することも、おそらくここにある。人びとのあいだでこの態度が著しく欠如した社会では、環境（里山のような人工的自然環境や都市環境も含めて）との関係も、環境を媒介とした他の人びととの関係も、持続可能なものにはならないだろう。

文献案内

環境徳倫理学については、今のところ日本語で書かれた入門書はなく、外国語文献か専門的な論文しかない。関心を持たれた読者は、まず環境徳倫理学でロールモデルとして挙げられる人物の著作にあたることを勧めたい。**H・D・ソロー『森の生活（上・下）』**（飯田実訳、岩波文庫、一九九五年）と**A・レオポルド『野生のうたが聞こえる』**（新島義昭訳、講談社学術文庫、一九九七年）、**R・カーソン『センス・オブ・ワンダー』**（上遠恵子訳、新潮社、一九九六年）あたりが入門書として適切だろう。

あるいは自然との関わりを描いたネイチャー・ライティングと呼ばれるノンフィクションや、動物文学や紀行文などの文学作品を読むことから始めても良いだろう。本文で言及した**E・F・シューマッハー『スモール・イズ・ビューティフル』**（小島慶三・酒井懋訳、講談社学術文庫、一九八六年）は環境徳倫理を主題としたものではないが、内容的には大きく関わる。ノーベル賞作家の**J・M・クッツェー**が講演で朗読した二編の小説と、それに対する文学者や動物学者、哲学者らの応答を収めた**『動物のいのち』**（森祐希子・尾関周二訳、大月書店、二〇〇三年）も、動物の内在的価値についてさらに考えたい読者に勧める。

またより広く徳倫理学一般に関心を持った読者には、**アリストテレス『ニコマコス倫理学（上・下）』**（高田三郎訳、岩波文庫、一九七一年・一九七三年）をぜひ読んでほしい。読みやすいと同時に、読みかえすたびに学ぶことの見つかる名著である。同書は入門書のたぐいがなくとも読み進めることに支障はないが、より深く理解したい人にとって、**J・O・アームソン『アリストテレス倫理学入門』**（雨宮健訳、岩波現代文庫、二〇〇四年）は大きな助けとなるだろう。

第三章　野生の「クジラ」と人間の「鯨」

――「自然の価値」から共生を考える

関　陽子

はじめに――自然の価値をめぐって

おそらく誰もが一度は、水族館のショーで高くジャンプするイルカの姿を見たことがあるだろう。イルカは生物学的にはクジラの仲間で、ハンドウイルカやハナゴンドウは水族館でもおなじみのクジラであるが、それらを漁の対象にして食べる習慣をもつ地域もある。鯨の漁師たちは「イルカ」という一般名称は使わず、「クロ」「ハナ」「アラリ」「スジ」などイルカ（クジラ）の種類ごとに独自の呼び名を使って漁をする。伝統的に鯨を食べてきた地域の人々は、鯨を「エビス」（海の恵み、神という意味）として崇（あが）め、感謝し、人間と同様に墓を建てて供養をする。

このように、一般にわれわれ人間は自然に様々な価値を見出して生活してきた。同じ動物でも教育的価値や商品的価値、学術的価値などを付与された水族館のイルカもいれば、自然保護のシンボルとしての野生のクジラや人道的配慮の対象となるイルカもあり、一方で食の対象として感謝されるイルカもいる。

また、欧米で誕生した環境思想においては、野生動物は人権に準ずる「権利」の主体か、知性や快苦の感受能力に応じた「内在的価値」を有する存在とされてきた。たとえば大型のクジラは、近代化の過程で機械油や光源燃料、食料資源、さらにダイナマイトの原料として、油田開発のような大きな規模で乱獲されてきたが、こうした自然物を人間の道具としか認めない「道具的価値(instrumental value)」への批判から、自然の内在的価値や個々の「かけがえのない命」を尊重する権利の概念が確立されてきた。これらは人間の傲慢(ごうまん)を許す「人間中心主義(anthropocentrism)」の克服をめざして誕生した「自然中心主義(naturecentrism)[1]」の思想のもと、生態学や進化論も動員しつつ環境倫理の中核をなす概念として強調されてきた。

しかし、かけがえのない命の権利は、環境問題の克服のために人類が依拠すべき普遍的な価値となりえるだろうか。「かけがえのなさ」という価値はすべての生命に平等に認められる客観的かつ普遍的な価値であるが、われわれはその生命を利用しなければ生きてゆくことすらできない。すると、自然と人間との共生を考えるためには、むしろ「人間にとっての自然の価値」のありようを検討するほうが、より現実的で実践的な方針を立てられるかもしれない――こう考える立場も一方であらわれてくる。自然環境の何をどのように守るのかは、人間の生存や生活と無関係ではいられないからである。

だとすれば、環境問題を克服するために尊重されるべき価値は、かけがえのなさという客観的で普遍的な価値なのか、それとも人間的価値としての多元的な価値なのか。このことを、普遍的価値を示す「クジラ」と、人間にとっての価値を示す「鯨」に置き換えつつ考えてみたい。

自然の普遍的価値、自然の多元的価値

地球環境問題のように全員が協力して取り組むべきグローバルな課題には、人類一般に普遍妥当な価値や規範を設けることが必要になってくる。まさに自然の内在的価値や権利の概念は、グローバルな課題に向き合う上で最適な価値規範である。しかし現実的には、自然の価値そのものは決して一つではありえない。たとえば自然科学で捉える「クジラ」と、生活や文化のなかでの「鯨」はそれぞれ異なる価値や意味をもち、鯨の価値でさえ地域や個人によって多様に存在する。ここに、普遍的価値を重視する立場（普遍主義）と、「人間にとっての自然の価値」を重視する立場（多元主義）の対立が生じてくることになる。多元主義は、生活や文化、地域によって本来多様である自然の価値が、近代において道具的価値に「矮小化」されてきたことを問題とし、人間の営みに醸成される自然の価値がもつ共生関係的な意義を再評価しようとする立場である。

とくに日本では多元主義の文脈で大きな成果があげられており、地域社会のローカルな「自然の価値」の分析をもとに、環境政策のあり方に影響を与えるボトムアップ式の環境倫理学の立ち上げが目指されてきた。たとえば鬼頭秀一は、生活の営みにおける自然との「かかわり」を示す概念に《生身》と《切り身》という語を導入し、環境問題の本質は「《生身》の自然が《切り身》化すること」、すなわち自然と人間の関係の切り離しに問題があると指摘した（鬼頭秀一『自然保護を問いなおす――環境倫理とネットワーク』筑摩書房、一九九六年）。彼は、キリスト教を背景とする人間中心主義と、その克服をめざす自然中心主義をともに「人間／自然の二元論」であるとして棄却し、「生業」や「生活」における自然との「かかわり」に〈人間―自然〉の共生のヒントを探ろうとす

る。こうした立場は、自然支配的な人間中心主義を批判しつつも、「人間にとっての自然の価値」を重視する点では人間中心であるという意味で、いわば〝批判的人間中心主義〟といえるだろう。

しかし、今日の人間的スケールを超えた経済システムや、工場の機械的運動がもたらす大規模な環境破壊や動物虐待などの問題を前に、地域固有の道徳観念のようなバラバラの多元的価値や倫理がどれほどの意義をもつだろうか。すでにわれわれの「食」という営みも、フード・システムによって生産される《切り身》食品の消費そのものである。ここにローカルな価値を持ち出したところで、生命の商品化というシステムが内包している破壊性はどのように克服できるのだろうか。この点ではむしろ、すべての生命が等しくかけがえのない存在であるという考えや理念のほうが、人類全体で抗すべき問題を克服してゆく力をもっているだろう。だとすれば、自然とよい関係を取り結ぶためには「内在的価値」や「権利」、さらには「持続可能性」「生物多様性」といった普遍妥当でグローバルな価値を積極的に提起し、これらに基づく倫理的規範に従うべきだと言えそうである。

「かけがえのない命」の権利――その成り立ち

しかしいま、すべての動物に絶対不可侵の「生存の権利」が認められたとする。すると、まず自然界の「喰う―喰われる関係」は罪になり、われわれは地面の下のミミズを潰さないよう慎重に歩かなければならない。野生動物に農作物を荒らされても彼らに手を出してはならず、かろうじて収穫できた農作物を懸命に分け合う。野生のクジラやイルカを食べるなどもってのほかであるが、食用に生産した動物については、福祉の観点から苦痛や恐怖を与えないようにする。この人道的な殺害による大量生産が実現されれば、人類は誰ひとり罪悪感を抱えることなく、道徳的で理性的で豊かな生活が実現できるであろう――。

極端ではあるが、このどこか奇妙でそら恐ろしい世界に示されるのは、普遍的に妥当しうる価値規範が哲学的に提示できても、それを現実の行為規範とすることの非現実性や暴力性、空洞性である。空洞性とは、人間が他者の命を犠牲にして生きなければならない痛みや苦しみから解放され、それゆえに他者の「自由」や「生存」を願う切実さも失われた、痛みも後ろめたさもない無痛化した規範の帰結を意味している。人間は理性的存在であると同時に身体的存在でもあり、身体をもって生きることは他者を利用し犠牲にすることと引き換えの営みである。犠牲を強いざるをえない痛みをもつ受苦的人間から遊離した「かけがえのない命」の尊重は、すでに抽象的で形式的でしかない価値規範となるのではないか。

つまり内在的価値や権利という普遍的価値は、ただの哲学的発明品ではなく、自然に対する畏(おそ)れ、憎しみや悲しみ、他の生命を奪わなければならない後ろめたさの表れとして、痛みや苦しみを抱える受苦的な人間に「願われて」結実する価値や規範であろう。さらに言えば、〝クジラ・イルカの権利〟といった倫理でさえ「(命を)いただきます」というところの「食の倫理」や、クジラを擬人化して供養する「鯨供養」など、生活の営みと結びついた価値や道徳観念を源泉とし、かつこれらの道徳観念があってはじめて「かけがえのない命」の価値が理解されるものとなるのではないか。「かけがえのない命」の権利は、受苦的人間に希求されて存立するものである限りトップダウン式に人間と自然との関係性を「規定」する規範では本来ない。では「動物の権利」のような環境倫理は、具体的生活のなかで一体どのように機能する価値規範なのだろうか。

環境倫理と環境道徳——「クジラ」と「鯨」の関係

和歌山県東牟婁郡太地町は、捕鯨の伝統や鯨食文化が引き継がれている町として広く知られている。ただし広く知られている理由には、太地で行われている鯨の「追い込み漁」が、アカデミー賞を受賞した『ザ・コーヴ（The Cove）』の公開以降、「残酷なイルカ漁」として激しく非難されてきたことも関係しているだろう。〝人権〟をもつイルカの捕殺に反対する人々による、鯨漁師たちへの激しい嫌がらせや暴言も横行してきた。ところが〝イルカの人権〟についての考え方は、漁師たちにとって必ずしも「迷惑」なだけのものではなかった。それは、すでに当たり前の「作業」と化していた野生動物の捕殺を客観的に見直す機会をもたらし、漁師だけではなく消費者にも、自分たちが一つ一つのかけがえのない命をいただいて生きているのだということを自覚させる役目を確かに担っていた。イルカが苦しまないようにする工夫や技術もすぐさま取り入れられ、捕鯨だけではない新たなイルカとの関係性の模索もはじまった。つまり内在的価値や権利の尊重といった価値規範は、人間と自然との関係性を「規定」するものではないが、土地固有のエートス（ある場所の歴史や生活様式のうちに育まれる、倫理的態度や道徳観念）の自覚や再発見を促し、具体的生活に「活用」される環境倫理として機能するものといえるだろう。

ここで、人間の生存や生活を基礎とするエートス的な道徳観念を〈環境倫理と区別して〉〈環境道徳〉と名づけるならば、〈環境道徳〉は「かけがえのない命」を尊重しようとする環境倫理の源泉であるとともに、環境倫理を通じて自覚化され、再発見されてゆくという関係が成り立っているのではないだろうか（**下図**）。つまり「動物の権利」という環境倫理も、「動物供養」にみる〈環境道徳〉も（換言すれば普遍的価値も多元的価値も）、それぞれ分断され対立することなく一つの「環境の倫理」として構成されているところに、本当に現実味と実効性のある倫理があるように思う。こうした「環境の倫理」を核とする環境思想は、人間中心主義でも自然中心主義でもなく、〈人間―自然共生主義〉とでも表現できるだろうか。

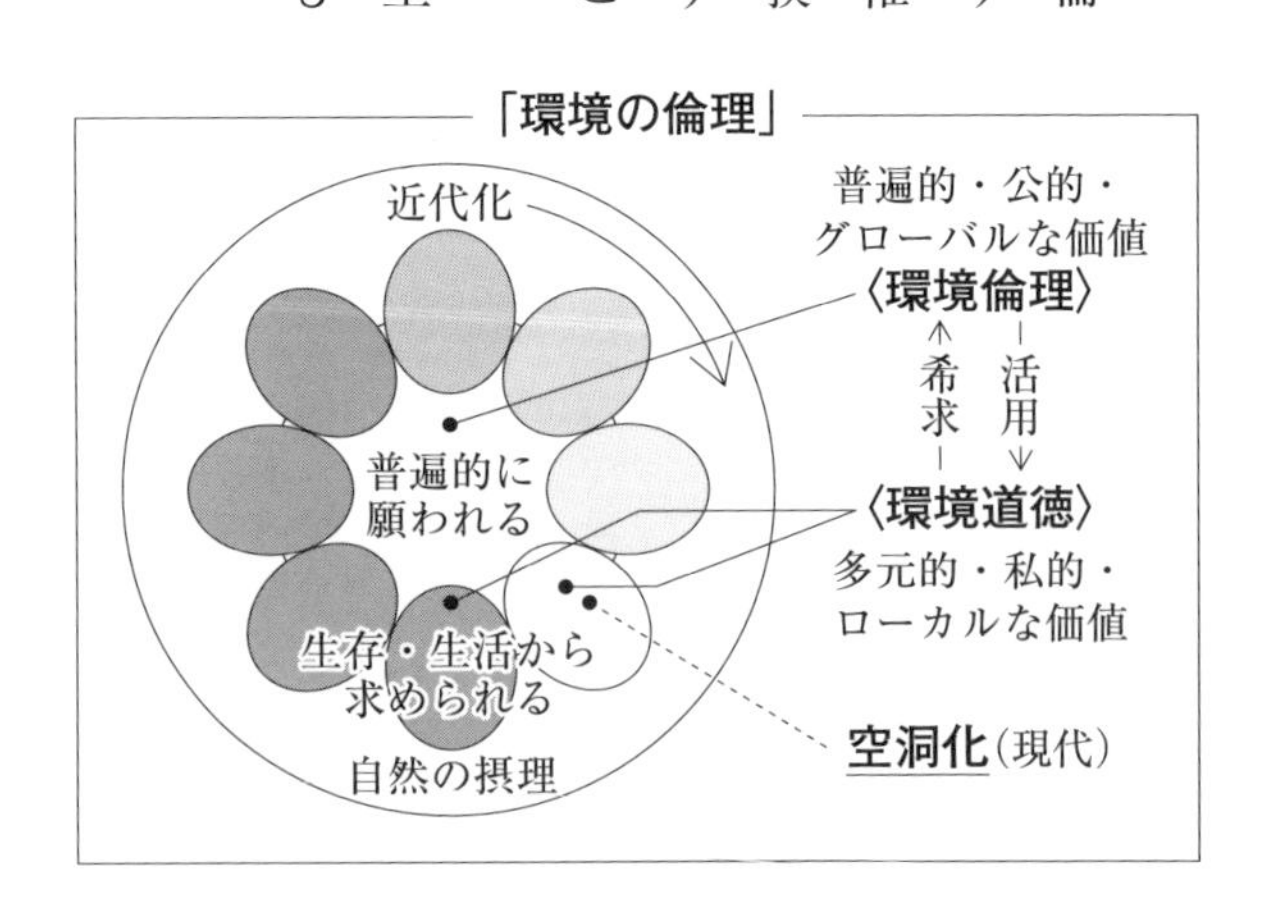

おわりに――「倫理の保全」へ

和歌山県太地町では現在、イルカの追い込み漁に反対する人々とのトラブルを避けるため、捕殺や解体、加工販売にかかわる場所には（やむをえず）「関係者以外立ち入り禁止」「写真撮影禁止」の文字が掲げられている。さらに、かつては当たり前の風景としてあった鯨の解体作業が現在はすべて建物内で行われ、もはや地元の人々も小学生でさえも《切り身》のクジラとしかかかわることができない（**次頁写真**）。こうして〃イルカの人権〃の尊重が、捕鯨という営みの風景の「見え

「鯨の解体」(1973 年, 和歌山県太地町)
鯨の解体の様子を描いた小学生の写生.
赤い絵の具がたくさん使われている.

現在の漁港(2016 年, 和歌山県太地町)
捕鯨への批判を背景に, 水揚げや解体は
施設内で行われ, 立入も禁じられている.

ない化」や鯨とのかかわりの喪失をまねき、太地の〈環境道徳〉の再生産を阻害することにつながれば、〝イルカの人権〟が人間の人権を侵害し、結果として権利という倫理概念自体の基盤を失うことにもなるだろう。人間が他の命とつながり、「かけがえのない命」を犠牲にして生きているという意識も、やがて薄れていくかもしれない。

しかし、すでにわれわれの現代の商品生産社会では、生きることが他者の犠牲とひきかえの出来事ではなく、お金を稼ぎ商品を消費することに置き換えられている。たとえば現代の「食」は、かけがえのない命をいただく行為ではなく、スーパーで《切り身》の商品を選び、レストランでメニューを注文する行為である。食事はダイエットや健康、栄養機能の観点から注目されても、自然の意味や価値を共有してゆく活動ではほとんどない。つまり「〈環境道徳〉を育む食」も、「かけがえのない命が意識される食」も、現代社会ではほとんど見当たらない。まさに〈環境道徳〉は空洞化しつつあり、動物の権利――すなわち「かけがえのない命」という普遍的価値の尊重は、崇高だが形式でしかない倫理となるかもしれない。それが普遍的に重要な倫理として、食べて生きているわたしたちの具体的世界に活かされるためには、地域や文化圏によって異なるエートス、つまり多元的な〈環境道徳〉が多元的なまま再生産されることが必須の課題となろう。すなわち〈人間—自然共生主義〉のもと、普遍的価値と多元的価値に基づく「環境の倫理」それ自体の〝保全〟という実践もまた求められるということである。倫理の保全には、〈環境道徳〉に関する教育だけではなく、道徳を育む生活世界を建設し、社会のあり方や人間のあり方を倫理学をこえて模索してゆくことも含まれるであろう。こうしていつか、〈人間と自然との共生〉と〈人間と人間との共生〉が、ともに実現される平和な日常が訪れることを願う。

（1）「自然中心主義」と同様の立場を示すものに「非人間中心主義」または「人間非中心主義」がある。さらに自然中心主義のなかにも個体を重視する「生命中心主義」や、全体を重視する「生態系中心主義」などがあるが、ここでは理解しやすくするため、まとめて「自然中心主義」と表記した。

文献案内

環境思想に関する基本的なタームについては、**尾関周二ほか編著『環境思想キーワード』**（青木書店、二〇〇五年）を参照するのがよい。また人間とクジラとの関係史を学ぶには、**森田勝昭『鯨と捕鯨の文化史』**（名古屋大学出版会、一九九四年）などが役立つ。本稿に関連する環境倫理学の文献には、**亀山純生『環境倫理と風土——日本的自然観の現代化の視座』**（大月書店、二〇〇五年）がある。

思想や哲学・倫理学を研究する場合でも、フィールドに出てゆくことをお勧めする。

第四章　カブトムシから考える里山と物質循環

――「自然の社会化」と「コモンズ」

大倉　茂

はじめに――「環境思想」は日常のなかに

環境思想はかちっと固まったものではなく、日々われわれが思いめぐらすことができるものである。つまり「環境思想する」ことは誰にだっていつでもできる。そしてきっかけは日常のなかにある。

ある夏の夜、住宅街を歩いていると、数メートル先の道ばたに小さな黒いかたまりがあった。しゃがんで見てみるとメスのカブトムシであった。このままだと車につぶされてしまうと思い、そばの生け垣にうつした。久しぶりにカブトムシに触った。カブトムシはありふれた昆虫ではなくなったのかもしれない。

思えば、私が子どもの頃はすでにカブトムシがスーパー、ホームセンター、百貨店に並んでいた。つまり、カブトムシは商品として売られていた。そしてそのことに違和感があったのを覚えている。カブトムシなんて売り買いする商品ではなく、山に捕りにいくものだろうと子どもながらに感じていた。私は子どもの頃、都市の生活をしていたものの、夏の夜には住んでいたマンションの駐車場の電灯の下をきょろきょろしていると運良くカブトムシを捕まえることができた。

それでもカブトムシは商品として売られていた。さらに私の母の実家はたいへんな山奥で夏に母の実家を訪ねればカブトムシはありふれた昆虫であった。それでもカブトムシは商品として売られていた。したがって、単純に珍しい昆虫だからという理由だけで商品になっているわけではない。

では、なぜカブトムシは商品として売られるようになったのか。この問いにこたえるのが本章の目的である。そのために、少し環境思想してみよう。

自然の社会化

われわれの歴史は、自然を社会化してきた歴史ともいえる。少し表現をかえるならば、これまでにわれわれは生活のなかに自然を取り込んできた。自然を社会化することは大きく二つにわけることができる。

第一に、労働による自然の社会化である。われわれは動物を狩り、魚を捕り、木の実を拾う営み、すなわち漁労も含めて狩猟採集を行ってきた。そして、種を植え、あるいは苗を植え、作物を収穫する農耕、そして家畜を飼育する牧畜も行ってきた。この農耕牧畜において、われわれは労働を通して自然を人間の社会に取り込みはじめた。すなわち、労働による自然の社会化をはじめたのである。

その一方で、われわれの自然の見方を規定する、文化による自然の社会化を見逃すわけにはいかない。いにしえからわれわれは星空を眺めてきた。そして、星と星をつなげ、星のまとまりを星座と呼び、その星のまとまりから神話の世界などを想像していた。不思議なもので、われわれは一度その星のまとまりを秩序ある星座と捉えると、もはやばらばらな星の無秩序なあつまりとは見えなくなる。冬空に三つの一直線に並んだ星を見るとオリオン座だと即座に反応する人も少なくないのではないか。このようにわれわれはあるフィルターを通して、自然を眺めている。これをさしあたり文化と呼ぼう。

文化を通して自然を見ることをもう少しみておこう。一方で、ある文化は牛を見て家畜だと捉えるが、他方で、ある文化では牛は聖獣であると捉える。文化によって自然がどのように捉えられるかが異なる。したがって、それぞれの文化によって自然をどう捉えるか、もっといえば、文化のなかで自然がどう位置づくかが違うのである。それもそのはずで、それぞれの文化は、その土地の風土と切り離すことができない。さまざまな風土のなかで生活していくことを通じて文化が形成された。たとえば、日本であれば日本の風土における四季折々の自然の変化を踏まえて歳時記が育まれていった。つまりさまざまな自然条件を取り込むことで文化が育まれていった。これが、第二の文化による自然の社会化である。

さて、ここまで論じてきたように、自然の社会化は労働による自然の社会化と文化による自然の社会化と大きく二つにわけることができる。そして、この両者はそれぞれ別々の側面を備えながらも深い関係がある。たとえば、歳時記は〈農〉なしには生まれなかっただろうし、歳時記なしには〈農〉は不可能だっただろう。カブトムシの話に戻れば、カブトムシを商品として捉えるようになったことは、自然の社会化の視点が欠かせない。文化による自然の社会化から言えば、われわれはカブトムシをいつしか里の昆虫ではなく、売り買いする商品として捉えるようになった。そして、労働による自然の社会化から考えれば、われわれが里の生活を手放し、都市の労働を通して自然を社会化していたことの結果であると考えることができる。

では、われわれが里の生活を手放した結果、どのような労働を通じて自然を社会化するようになり、どのような文化によって自然を社会化しているのだろうか。

里の生活から都市の生活へ

少々単純化しすぎるかもしれないが、大きく人類史を捉えると以下のようになる。

そもそもは自然のなかにわれわれがあったとも言える。狩猟採集においては自然の秩序のなかにわれわれが従っていた。その後、農耕牧畜にうつるなかで、われわれが徐々に自然と距離を取り始める。本章で里の生活という場合、この農耕牧畜の生活を指している。そして産業革命後の化石燃料に依存した都市の生活において人間と自然の関係は一変する。われわれの自由な思考や知的な想像力と裏腹ではあるが、われわれが自然を支配する構図となると同時にグローバルに社会環境が拡大することと相まって人間にとっての環境としての自然が大きく拡大する。身近な自然環境だけでなく、地球の反対側の森や川まで自然環境になる。われわれは普通の生活をしながら、地球の反対側の自然を破壊している。日本で使われている木材の多くは海を渡ってきていることを忘れてはならない。

ここでいう都市の生活というのは、都市と農村に区別する意味での都市の生活ではなく、商品に囲まれた生活を都市の生活と呼ぶ。われわれの生活を眺めてみると、このブックレットも商品であり、道路として舗装されたアスファルトも商品であったし、洋服も商品であり、食べものもそのほとんどがスーパーやコンビニで買った商品である。そして、なにより労働力「商品」としてわれわれ自身が商品となる。商品とはそもそもわれわれにとっては、よそよそしいものである。ここでもカブトムシを例に取るならば、自分で取ってきたカブトムシ、あるいは友達が取ってくれたカブトムシではなく、商品としてのカブトムシは最初から商品として売るために大量に効率よく作られた、生産者の側にとっても、購入する消費者の側にとってもよそよそしいカブトムシである。よそよそしいものである商品に囲まれてわれわれは生き、われわれ自身が商品になりながら商品を作り出す労働をしている。したがって、いわゆる「いなか」に住んでいても、現代社会における日本に住まうひとびとのほとんどが都市の生活を営んでいるといってよい。

　では都市の生活にうつるまえの生活はどのようなものだったのだろうか。それが里の生活である。里の生活の最大の特徴は、人間と自然の物質循環を取り結ぶ〈農〉が営まれている点である。ここでは、産業としての農業と区別するために、〈農〉という言葉を使いたい。里の生活における〈農〉に欠かせないのが里山である。しばしば里の生活における自然環境は大きく三つにわけられて理解される。第一にわれわれが足を踏み入れることのない奥山、第二に里山、第三に農地と生活空間である里である。ここでは、奥山と里との間にある里山に着目したい。

コモンズとしての里山

カブトムシは里山の昆虫である。カブトムシがいるということは、里山があるということであり、里山があるということは〈農〉が営まれているということでもある。〈農〉を営むためには、里山を適切に管理しなければならない。その里山は、里に住むみんなの土地という意味でコモンズとも呼ばれる。コモンズは、里山、里海としてわれわれの生活に欠かせなかった。コモンズとしての里山は薪炭（しんたん）の供給地であり、農地を豊かにする落ち葉などの供給地でもあり、日本の山村の代名詞でもある。里の生活には里山が欠かせなかった。里山がはげ山になってしまわないように、過剰に薪（まき）をとらないなど里山を管理するルールが定められていた。コモンズとしての里山を管理していた結果として、里山の昆虫が里に住まう人間とともに生きていたのである。たくさんの葉を落とし、農地を豊かにする落葉広葉樹と切っても切れないカブトムシがいなくなったことは、コモンズとしての里山がなくなったことを象徴している。

物質の循環の変化

里、里山、奥山はひとつの物質循環の単位であった。たとえば水をとってみても、奥山から里山へ、里山から里へ流れていき、また雨が降ることによって奥山に水が戻り、貯えられる。他方で、人間もひとつの物質循環の単位である。人間の身体も一方でかたちとしての同一性を保ちながら、他方でなかみである物質はある一定期間で入れ替わっている。すなわち、人間の身体も物質循環のただなかにある。その人間と自然の物質循環を取り結んでいたのが〈農〉であり、〈農〉を営むためには、里、里山、奥山という物質循環の単位が里の生活においては欠かせなかった。

しかし、都市の生活は、その持続可能な物質循環を断ち切った。森林を非持続的に利用しつくし、化石燃料も利用し、化学物質によって汚染しつくす勢いである。〈農〉にとってかわった農業も工業生産物である農薬や肥料を大量に投入することでなりたっている。工場で作られた窒素化合物が大量に農地に投入されているが、その窒素がもとの場所に戻って循環することはない。物質循環の仕組みがないところでは、里、里山、奥山という物質循環の単位は人間にとって必要なくなり、里山はコモンズとして管理されず荒廃していく。その結果が、野生動物の里への侵入であり、カブトムシが商品として買わなければならない代物になってしまうことである。

カブトムシが商品として売られていることは、人間と自然の物質循環を媒介する里の労働から、商品を生み出す都市の労働へと変化したことを示している。里の労働を通じて社会化された自然から、都市の労働を通じて社会化された自然に変容していき、その結果、自然を商品として捉えることとなる。その都市の労働による自然の社会化は、自然を人工的に改変し、人工的なものに価値を見出す都市の文化を支えうる、文化による自然の社会化にも深く影響を与えることになる。

おわりに――新しい物質循環の単位

最初の問いに戻ろう。なぜカブトムシは商品として売られるようになったのか。それは直接的には、カブトムシがすまうコモンズとしての里山を破壊していったこと、そしてその背景には、自然を商品として見るようになったことがある。そのように考えれば、カブトムシが商品として売られていることは、人間と自然の持続可能な物質循環に亀裂が入っていることの象徴であるといえる。カブトムシが商品として扱われること、言い換えれば自然が商品として捉えられることは、われわれの生活や文化のなかに深く、そして広く浸透している。われわれは人間や自然を商品として扱うことにしばしば疑問を持たなくなっていることは自然を商品として扱うことが深く浸透していることの証拠であるし、われわれが日本にいながら世界各国のカブトムシに出会うことができることも商品交換がグローバルな規模で広く行われていることの象徴でもあるのだ。

大事なことなので強調しておきたいが、人間と自然の物質循環に入った亀裂を修復することは、そのまま過去の生活や文化を取り戻すことを意味しない。言い換えれば、「古き良き」伝統を回復することとイコールではない。都市の生活や文化を踏まえた新しい物質循環の単位を考える必要がある。本論の延長として新しい物質循環の単位を考えるポイントを簡単に述べておくならば、それは人間と自然の脱商品化である。商品として扱うことが根本的な原因であれば、商品として扱うことをやめるか、制限すること、すなわち脱商品化を目指すのは当然のことだろう。したがって、人間と自然を商品として扱わない、人間と自然を商品とはみない見方を基礎とした生活や文化の実践を積み上げていくことが肝要なのである。そしてその先に新しい物質循環の単位が構想しうるのではないだろうか。

日本の里の生活における物質循環の要であったコモンズとしての里山。その里山に住まうカブトムシが商品として扱われる背景には里山が破壊されただけでなく、自然を商品として捉えてしまうことも深く関係しているということが自然の社会化という視点から見て取れる。そして、その地平から将来社会を考えてみてはどうだろうかというのが、私が環境思想してみた結論である。

文献案内

本章のキーワードは、自然の社会化とコモンズであった。順に参考文献を紹介したい。自然の社会化は、今後簡便に理解できる著作が登場することを待ちながら、少し難解かもしれないが、以下の文献と格闘してもらいたい。

クラウス・エーダー『自然の社会化――エコロジー的理性批判』（寿福真美訳）法政大学出版局、一九九二年。

コモンズや里山に関しては硬軟さまざまな著作が出ているが、本章との関係からは特に以下の二点を紹介したい。

玉野井芳郎『エコノミーとエコロジー――広義の経済学への道』みすず書房、一九七八年。

室田武『物質循環のエコロジー』晃洋書房、二〇〇一年。

商品や脱商品化など本章で語りきれなかった点は拙著を参考にして頂きたい。

大倉茂『機械論的世界観批判序説――内省的理性と公共的理性』学文社、二〇一五年。

第五章　原発公害を繰り返さぬために

——「環境正義」の視点から考える

澤　佳成

はじめに——公害としての原発事故

二〇一一年三月一一日に起こった福島第一原発事故は、多くの人びとから、住む家、生きる糧である田畑や海、店舗や工場、すなわち故郷を奪った。「事業活動その他の人の活動に伴って生ずる相当範囲にわたる大気の汚染、水質の汚濁〔中略〕、土壌の汚染、騒音、振動、地盤の沈下〔中略〕及び悪臭によって、人の健康又は生活環境（人の生活に密接な関係のある財産並びに人の生活に密接な関係のある動植物及びその生育環境を含む。〔中略〕）に係る被害が生ずること」を公害と定義する環境基本法第二条三項の理念に照らせば、この被害は原発公害にあたるといえよう。

さらに、晩発性の健康被害が予想される放射能被害を伴う原発公害は、宮本憲一の主張する、「過去に人体・商品・環境に蓄積した有害物が長期間を経て被害を生む現象」としての「ストック公害」でもある（宮本憲一『維持可能な社会に向かって』岩波書店、二〇〇六年、四三頁）。

同じような被害を繰り返さぬために必要な視点として、「環境正義（Environmental Justice）」の考え方は、重要な示唆を与えてくれるのではないかと考える。本章では、おもに原発問題を事例として参照しつつ、環境正義の今日的意義について探ってみたい。

全米で起こった草の根の運動

公害被害の最大の問題は、生きていくために絶対に必要とされる良好な環境を享受する権利（環境権）が、住む場所によって侵害される不公平な事態を招いてしまう点にあるといえる。「環境正義」の主眼は、この環境権を誰もが認められるべきものと措定するところにある。環境正義が提起されたのは、一九九一年にワシントン特別区で開催された「第一回全米有色人種環境運動指導者サミット」であったが、それにつながる草の根の運動がアメリカにはあった。それは、有害廃棄物によって生命の危険を感じた人びとによるものであった。この点をマーク・ダウィの『草の根環境主義』（戸田清訳、日本経済評論社、一九九八年）に従ってみていこう。

一九七八年、ニューヨーク州のバッファロー市で開発された住宅地ラブキャナルにおいて、子どもたちの健康被害が多発した。そこは、化学企業跡地に造成された宅地だった。息子が重度の呼吸障害に陥ったロイス・マリー・ギブスが、ラブキャナル住宅所有者協会を組織したことで、全国的に注目される問題となり、連邦政府が汚染地域の全住宅の買い上げを決定する。ロイスは移住後「市民による有害廃棄物クリアリングハウス（ＣＣＨＷ）」を立ち上げ、同じような問題に苦しむ地域の人びとと、全米的な草の根運動を展開した。

環境思想は、ヘンリー・Ｄ・ソローに代表されるような、原生自然をいかに保護するかという一九世紀の運動に始まった系譜をもつ。それゆえ、当時の中心的な環境団体は森林や動物の保護といった活動が中心で、産業活動による人間のいのちや人間の生活環境の破壊という問題には目が向いていなかった。それどころか、ＣＣＨＷの活動を妨害するような動きまであったという。

人種差別と環境破壊の関係性――環境レイシズム

そのような環境団体間の力関係に転機が訪れたのは、一九八二年のことであった。ノースカロライナ州のウォーレン郡に有害廃棄物投棄場が建設されようとしたとき、大規模な反対運動が起き、逮捕者が出るに至る。この際、連邦下院議員のウォルター・フォントロイも逮捕されていた。同議員がその後、連邦議会会計検査院(GAO)に有害廃棄物の立地に関する調査を要求したところ、調査した四つのうち三地点が、アフリカ系アメリカ人が多数を占める地域だったのである。

このときの逮捕者のなかには、環境正義を最初に主張したといわれるベンジャミン・チェイビス牧師もいた。同牧師が事務局長を務めていた「合同キリスト教会(UCC)」がさらなる調査を行ったところ、経済的な富裕度による地域差以上に、有色人種の住む地域に、より多くの有害廃棄物処分場が建設されているという結果が出たのである。環境被害とレイシズム(人種差別)が連動しているこうした状況は「環境レイシズム(Environmental Racism)」と呼ばれ、問題視されるようになっていく。

そのようななかで「環境正義」概念も登場する。ダウィがいうように、「平等な機会と平等な権利という理念の上に打ち立てられた国においては、環境についての想像力は、環境はすべての人のものであり、環境の生命維持機能や、私たちがもたらした環境劣化は共有されるものであるという前提を含んでいなければならない」はずだという意識が、草の根の運動の広がりとともに、差別されてきた有色人種のなかに芽生えてきたのである。その結果、CCHWが支援する地域団体の数は、二二〇〇から七〇〇〇に一気に増えていった。

環境正義の基本理念

そうした動きの結晶として、先述のサミット（四五頁）で提唱された環境正義の要約を試みたい。

一点目は、自然環境の保全の重要性である。地球上の生態系の破壊の禁止（第一条）、有害廃棄物による自然環境の汚染の禁止（第四条）、有害廃棄物の生産停止（第六条）が謳われている。

二点目は、生活環境の保全である。都市と農村を浄化し、自然とのバランスを回復すること（第一二条）、多国籍企業による環境破壊的な操業の禁止（第一四条）を謳っている。

三点目は、公共政策や経済活動における差別の禁止である。人種や民族によって良好な生活環境が侵害されるような政策的措置の禁止（第二条）、そうした措置の国際法違反（第一〇条）が明記され、有色人種をターゲットにした生殖・医療上の実験の禁止も謳われている（第一三条）。

四点目は、自己決定権の尊重である。人種、民族による分け隔てのない政治的・文化的・経済的・環境的自己決定権の尊重（第五条）、そのための条約や法の認識の大切さ（第一一条）、軍事的な占領・抑圧・搾取の禁止（第一五条）、資源へのアクセスの公平性（第一二条）が謳われている。

五点目は、参加的正義である。環境正義は、ニーズの評価、計画、実施、施行、事後評価を含むあらゆるレベルの意思決定で誰もが対等なパートナーとして参加できないといけない（第七条）。

六点目は、将来世代の権利である。将来世代も良好な環境を享受しうるようなライフスタイルを考えないといけないし（第一七条）、そのための教育も必要だと謳っている（第一六条）。

七点目は、たとえば危険な就業への従事を迫られない労働者の権利（第八条）、被害者への十分な補償や質の高いヘルスケアを得る権利（第九条）といった、個人の基本的権利である。

原発公害発生前も今も、これらの環境正義は遵守されていない。それは、原子力政策が、燃料を掘り出し、原発を設置し、運転する一連の段階で、環境正義の提起へとつながった環境レイシズムを一貫して内包してきた点に理由があるように思う。なぜなら、原子力政策を維持しようとすれば、そうした差別を引き続き容認しなければならないからである。

たとえば原発内の労働現場では、七点目の環境正義である労働者の権利はいまでも守られていない。三・一一以降、電力会社社員を頂点とした原発労働者内の階層構造の存在が明るみに出たけれども、定期点検時の原子炉内作業のように、被曝量が多く健康を害しかねない仕事は、下層の労働者が担ってきた。そうした労働者ほど、ホームレスの方がたをはじめ、就業機会に恵まれず、生活も苦しい立場の方が多い。つまり、原発労働の現場で、労働者内部の労働環境の格差と社会的な差別とが連動する環境レイシズムの実態が存在するのである。

じつは、レイシズムには人種差別以外の広義の意味があり、アルベール・メンミによる定義は次の通りである。「生物学的差異を無視するかどうかは別にして、別の差異を理由にして同じ態度を取ることに満足を覚える」。人種差別と同じように「やはり自分の価値を高め、他者の価値を下げることで、同じ行動、つまり言葉による攻撃か、実際の攻撃に向かうことになる」(小森陽一『レイシズム』岩波書店、二〇〇六年、三頁)。

ホームレスの方がたが、たまたま住所地がないなどの差異を理由として差別されたり攻撃されたりしてきた現実がある以上、それはれっきとしたレイシズムなのである。

地域間の差別を背景とした環境レイシズム

原発を取り巻く環境レイシズムは、ほかにもある。原発がひとたび事故を起こせば、原発周辺の地域住民は良好な環境が侵害される。「原子炉立地審査指針及びその適用に関する判断のめやすについて」(一九六四年)によると、原子炉の周囲は「非居住区域」で、その外側は「低人口地帯」であることが条件とされてきた。「低人口地帯」の人びとだけに原発公害に遭う可能性と危険性を押しつけるこの公共政策は、人びとの環境権といのちを居住地域で差別している。それゆえこの政策は、住む地域で人の環境権が左右される環境レイシズムだといえよう。

原発公害発生後、被災者は十分な補償を得ているとは言いがたい状況にあるし、住む地域によっては補償が一切ない(七点目の第九条違反)。しかも、補償の仕組みや該当地域の線引きに、市民参画の仕組みがなく、行政のみにより決められている(五点目の参加的正義違反)。しかも早期の帰還が促され、補償の打ち切りも示されるなかで、被災者は、経済状況によって「避難の権利」も行使できなくなる窮地に立たされている(四点目の自己決定権の尊重違反)。

そうした状況に「おかしい」と声を上げる被災者や支援者にたいし、「日本から出て行け」といった言葉が浴びせられる事態も発生している。これはれっきとしたレイシズムだけれども、そこまでいかなくとも、多くの人は、原発立地政策上優遇されてきた「人口密集地帯」に住み、被災地や被災者への意識の風化にも気づかず、「豊か」な生活環境を享受し続けている。この姿勢は、原発公害後の状況が示している原子力政策(公共政策)上の地域間差別の問題を黙認し、結果として、地域間差別に根ざした環境レイシズムをよりいっそう固定化しかねない。

黙認されてきた環境レイシズム――資源調達

実は、燃料を調達する際にみられる環境レイシズムをも、私たちは黙認してきた。

原発技術は、本来、核弾頭に積むプルトニウムをウランから抽出する軍事技術である。原発は、そのプロセスで出る高温の熱を冷ます冷却水が高圧の蒸気になるので、折角なら発電用タービンを回して電気を生産しようと転用された二次的な技術にすぎない。それゆえアジア太平洋戦争の敗戦国である日本が核武装にもつながる原発を導入するにあたっては、アメリカの思惑が作用した。導入後も、良質なウランを産出できない日本は、アメリカが示すウラン保持許容量の範囲内で、輸入に頼らなければならなかった。そうして輸入されたウランには、アメリカ先住民の受けた環境レイシズムが刻み込まれている可能性が高いのである。

入植してきた白人たちに武力などで西へ西へと追いやられた先住民たちは、最終的に国定の保留地へ押し込められる。二〇世紀になり、ウラン鉱脈がみつかったナバホ族の保留地では、全国平均より低い賃金で、十分な防護装備も与えられないまま男たちが採掘労働に従事した。かれらは作業中ラドン・ガスを吸い込み、ウラン鉱石の残骸で作られた家に住み、家族とともに体が蝕まれていった。ここでは、ナバホ族の人びとのいのち、生活環境、周囲の自然環境の破壊が、レイシズム(人種差別)とつながっている。原発は、こうして得られた燃料も使ってきたのである。

燃料の調達・立地地域の選定・運転時における、環境レイシズムの存在。原発の再稼働が目指される限り、環境レイシズムの問題はなくならない。そうである限り、環境的不正義も、原発公害の心配もなくならない。いったい、どうすればよいのだろうか。

おわりに――環境正義の生きる社会へ

原子力政策は、基本的に国がその骨格を形作っていった。その結果、地域の人びとがさんざん振り回されてきたあげく、原発公害も現実のものとなってしまった。そうであるなら、第一に、これからの社会は、地域の人びとの自己決定が先にあり、それにあわせた公共政策的な支援が構想されなければならないだろうし、また、公共政策を構想するさいにも、地域の人びとの参加できる仕組みづくりが重要になってくるであろう(五点目の参加的正義の実現)。

第二に、原発は、ひとたび公害を起こすと、数世代にわたって環境権を侵害する危険性をもっている。そこで、第一の実践に際し、将来世代の権利が何より考慮されなければならないだろう。

第三に、一九九二年にリオデジャネイロで開催された地球サミット(環境と開発に関する国連会議)以来の、世界的な環境正義の議論の継続は重要である。このとき、ラブキャナル事件のはるか前、日本で足尾銅山鉱毒事件が起きてから、百数十年来蓄積されてきた、公害に悩む住民の目線にたつ思想は、私たちにおおきな示唆を与えてくれるだろう。

「真の文明は　山を荒らさず　川を荒らさず　村を破らず　人を殺さざるべし」

田中正造の言葉である。自然を破壊せず、人のいのちも奪わない文明は、どうすれば実現できるのだろうか。両方の手に天秤と剣をもち、正義を司る女神テミスは、人びとの間にいさかいが起きたとき、処分をも行う権力(剣)をバックに、公平な判断(天秤)を下す存在である。幸い主権者である私たち市民は、この問いに向き合い、これまで紡がれてきた環境思想に学びつつ環境正義理念の内実をさらに深めることができる。その結果、国民主権の権力をバックにしたテミスは、私たち主権者の練り上げた環境正義理念を判断材料として、世界的に拡がる環境レイシズムとそれを背景とした環境的不正義を改善してくれるようになるかもしれない。

文献案内

米国の環境レイシズムと環境正義との関係を学習するには、本文で参照した**マーク・ダウィ**の著書や、**本田雅和／風砂子・デアンジェリス『環境レイシズム　アメリカ「がん回廊」を行く』**(解放出版社、二〇〇〇年)をぜひ読んでほしい。正義についての基本的な理解を深めるには、**碓井敏正『現代正義論』**(青木書店、一九九八年)がお薦め。アメリカ先住民の歴史や思想を学ぶには、**藤永茂『朝日選書21　アメリカ・インディアン悲史』**(朝日新聞社、一九七四年)や**星川淳『魂の民主主義　北米先住民・アメリカ建国・日本国憲法』**(築地書館、二〇〇五年)が参考になる。原発の歴史・危険性や差別の構造については、**有馬哲夫『原発と原爆　「日・米・英」核武装の暗闘』**(文春新書、二〇一二年)、**戸田清『〈核発電〉を問う　3・11後の平和学』**(法律文化社、二〇一二年)、**樋口健二『新装改訂　原発被曝列島——50万人を超える原発被曝労働者』**(三一書房、二〇一一年)などが分かりやすい。「避難の権利」については、**吉田千亜『ルポ　母子避難——消されゆく原発事故被害者』**(岩波新書、二〇一六年)がお薦め。公害における問題のありかをいち早く指摘した書籍、たとえば**庄司光・宮本憲一『恐るべき公害』**(岩波新書、一九六四年)や**原田正純『水俣病』**(岩波新書、一九七二年)もぜひ読んでみてほしい。環境権を学ぶには、**大塚直編『18歳からはじめる環境法』**(法律文化社、二〇一三年)がお薦め。世界的な経済システムによる環境破壊の問題点については、**イマニュエル・ウォーラーステイン『入門・世界システム分析』**(山下範久訳、藤原書店、二〇〇六年)を参照。

第六章　私たちの「環境」について改めて考えてみる
――持続可能な発展の視座をきっかけにして

布施　元

はじめに――身近にある環境思想のキーワード

「サステイナブル・ディベロップメント（sustainable development）」という外来語を見聞きしたことのある方も、きっと多いのではないかと思う。「持続可能な開発」や「維持可能な発展」などとも訳され、最近では、「持続可能な〇〇」や「サステイナブル・〇〇」などといった形で、前半部分だけが現れることも少なくない。環境への取り組みを意識して、行政のスローガンや企業のキャッチコピーにも採用されるなど、ひろく一般に浸透し定着しているといって差し支えないだろう。「持続可能な開発のための教育（ESD）」という用語とともに、その担い手の育成を目的として教育の現場にも取り入れられたり、二〇一五年には、国連総会で「持続可能な開発目標（SDGs）」が採択され、世界全体がいっそうの努力を求められたりもしている。

環境と人間の良好な関係を想起させるような現代のキーワードとして受け入れられているこの言葉（以後、便宜的に「持続可能な発展」に表記統一）は、〝環境思想における一つの重要な概念〟でもあるが、私はこれを、環境思想――さらには「環境」そのもの――を改めて考える一つのきっかけとして、あるいは〝環境思想を根幹から支える一つの主要な視座〟として位置づけてもよいのではないか、と思っている。そしてその論拠は、持続可能な発展の世界的な原点にあると考えている。

私たちをめぐる三つの一体不可分な関係

持続可能な発展は、一九八〇年に三つの国際団体によって発表された『世界保全戦略』のなかで提案された。その後、一九八七年に国連の「環境と開発に関する世界委員会(ＷＣＥＤ)」(ブルントラント委員会)によって公刊された報告書『われら共通の未来』(WCED, *Our Common Future*, Oxford University Press, 1987)で確立され、一九九二年に開催された「環境と開発に関する国連会議(ＵＮＣＥＤ)」で、人類共通の課題として認識されるようになった。

この委員会は、変革へ向けた地球規模の行動計画を策定するために、世界各地で公聴会を重ねた結果、次のような中心的な主題に行き着いた。それは、「現在の発展(開発)の動向の多くは、ますます増えていく大勢の人々を貧しくし傷つきやすくすると同時に、環境を劣化させている」というものである。そして、「どのようにしてそのような発展(開発)は、同じ環境に依存する二倍の人々からなる次の世紀の世界を維持することができるというのだろうか」と疑問を呈した。

こういった見解を受けて、持続可能な発展は、「自分自身の必要を満たす将来世代の能力を損なうことなく、現在世代の必要を満たす発展(開発)」と定義され、そこには、「「必要」、とりわけ、最も優先されるべき世界の貧しい人々の不可欠な必要」と、「現在及び将来の必要を満たす環境の能力に対して技術と社会組織の状態によって課される制限」という二つの概念が込められた。この報告書によれば、食・衣・住・職といった人間にとっての基本的な「必要」と、それらを越えた「願望」とを満足させることが、発展(開発)の主たる目標になるが、ある一部の人々の願望のために、必要を満たすことさえできない人々が存在する。くわえて、大気や水、土壌、生物などからなる自然システムへの過度の介入や天然資源の過剰な採取を通じて、将来世代の必要を満たす能力が奪い取られている。

このような認識を基礎にして持続可能な発展の枠組みを整理してみると、①現在世代内の公正・衡平化、②人間―自然間の公正・衡平化、③将来世代との間の公正・衡平化という世界的な一体不可分の三つの要因が見出される(工藤秀明「改正が必要な環境基本法の「基本理念」条項」『エコノミスト』第八九巻第九号、二〇一一年)。この三つの要因あるいはそれらに基づく関係とともに、その一体不可分性に留意しておきたい。①現在世代内での人間相互の関係、②人間と自然の関係、③現在世代と将来世代の間での人間相互の関係という総合的視座が、これから私たちが地球で生きていくうえで求められるのである。

日常生活を点検する術として

私もふつうに買い物をしながらここ日本で日常生活を営んでいるが、そうしたなかで、たまにフェアトレードの商品を購入することがある。なかでも好んで買うのがチョコレートで、最近はいろんな味があり種類も豊富で迷ってしまう。そんな私の必要と願望の一端を満たしてくれるフェアトレードは、公正貿易や公平貿易とも呼ばれ、「途上国でつくられた商品を適正な価格で取引することで貧しい人びとの自立につなげる貿易のしくみ」のことをいう。先進国の都合で価格が不当に安く抑えられることなどにみられるように、途上国がアンフェアな貿易構造に組み込まれ貧困から抜け出せないでいる状況を改善しようとするものである（PARASOL編・長坂寿久編集協力『フェアトレードのある暮らし』大竹財団、二〇〇九年）。

従来の主流の貿易システムは、「最も優先されるべき世界の貧しい人々」の代表である途上国の人々を犠牲にしてきた。しかし、その犠牲は人間にとどまらない。生産物を生産するには自然が必要であり、貧困化のしわ寄せはその自然へいく。自然の荒廃や地力の低下は、結局のところ、未来の人々の生存条件の縮減をも意味するが、もう少し近い未来、つまり将来に眼を転じてみれば、これまでの不公正な貿易は、家計を支えるための児童労働を余儀なくさせてもきた。

フェアトレードを通じて知るのは、そのような犠牲のうえに私たちの生活が成立していること（いわば、①先進国中心主義と②人間中心主義と③現在世代中心主義の一体的状況）と、もう一つ、貿易という人間の行為が先の三つの関係から把握されうるという事実である。貿易や取引や交換というのは、人間の生活に寄与するとても人間的な行為であり、人間の発展（開発）の重大な側面をなす。そうやって考えていくと、フェアトレード以外にも、様々な形態の取引や様々な次元の交換が存在するが、それが人間の営みであるかぎり、三つの関係から免れられないこと、さらには、人間の行為には三つの関係がつねに付いて回ることが類推されるだろう。

三つの関係において実際に生じている不公正の問題を議論し解決することの意義はいうまでもないが、その前段階として、この三つの関係の存在を意識し認識すること自体の意味もけっして小さくない。日々の暮らしやそれにまつわる政策や法律など、私たちをめぐる種々雑多な事態や現象を、三つの関係から解き明かしてみること、また、「持続可能な発展」の名の下に実施され実行されている物事を、三つの関係をもとにして自分の眼でしっかり点検してみること――そういったことも、これから私たちが地球で生きていくうえで大切なのではないか、と思う。

私たちにとっての「環境」――自然と社会、空間と時間

このようなことは学問的な領域においてもいえることで、例えば、環境思想の関連用語でもある環境倫理などについても再検討が求められるかもしれない。環境倫理は、現在世代内での人間相互の関係に偏っていた従来の倫理を反省し、環境へも適用範囲を広げる役目を果たしてきた。そのため、人間と自然の関係や将来世代との関係が力説され、とくに後者における倫理は世代間倫理として注目されてきた。ただ、これまで確認してきたように持続可能な発展の視座を考慮に入れようとすれば、世代内倫理も一体不可分的にもっと主張されてしかるべきであり、さらにいえば、環境思想や環境倫理でいわれるような――しばしば自然環境として捉えられがちな――「環境」という概念そのものが捉え直されてもよさそうである。

環境（environment）は一般的に、ある主体を取り巻くものを指し、その主体を人間とした場合、「自然環境」と「社会環境」に大きく分けられる（詳しくは第一章参照）。自然環境では、生命を育み維持する自然システムあるいは生態系が創出されているが、それは生命体である私たち人間一人ひとりをも貫いている。私たち人間は、このように他の生物と同様に自然環境に依存している

が、そのうえでさらに、人間相互の多様な関係によって生じる社会環境にも関与している。さきほど取り上げた貿易システムは、その一例である。したがって、この二つの環境を区別しつつも統合させて把握することが、私たち人間にとっての環境を認識する際には欠かせない。

例えば、環境問題は、たんに自然環境において起こる問題ではない。それは、人間相互の関係を原因とし自然環境との関係において生み出される問題であり、社会環境と自然環境を一体不可分とする問題である。自然とのかかわりというのは、必ず何らかの社会的なかかわりを伴うものである。したがって、環境を総体として捉えようとすれば、自然環境と社会環境にともに関係する人間の視点が鍵となる。環境を考えるうえで人間を考えることは避けられない。環境思想は〝環境についての思想〟でありながら〝人間についての思想〟でもある、ということである。

そして、この人間の視点から言及しておくべきなのが、将来世代との関係に根ざす事柄、すなわち、私たちにとっての環境が時間的な広がりももっているということである。私たちは、空間のなかだけでなく時間のなかでも生きていて、現在の私たちは、過去及び未来との関係のなかでも生活している。遠い過去からつながる自然環境と社会環境の関係の結果として現れている存在であるし、他方で、自然環境と社会環境を通じて将来あるいは未来に影響を及ぼしうる存在でもある。環境とのかかわりというのは、必ず何らかの時間的なかかわり、過去及び未来とのかかわりを伴うものである。

こうやっていろいろと環境について述べてきて、ふと気づくことがある。それは、主体である私(たち)を取り巻く環境が〝対象〟あるいは〝客体〟としてあること、そして、その環境のなかの〝私たち以外の存在〟も同じように位置づけられてしまっていないか、ということである。

自然環境を共有し共用する私たち以外の生物は、人間が使用する(べき)対象であり、人間にとっての必要や願望を満たすために利用する(べき)客体である。あるいは、そのように認識されていないかどうか。「環境の能力に対して課される制限」に配慮した、自然環境の保護や保全や保存、すなわち「環境を守る」といっても、そこに〝客体や手段としての自然〟に対する私たちの態度や姿勢を反映していないとはいいきれない。また、自然環境と社会環境を共有し共用する私たち以外の人々を一方的に客体化し、さらには犠牲にしながら生活していないかどうか。

環境は、私たちだけのものではない。私たち以外の存在のものでもあり、みんなのものであり、みんなが〝主体〟として生きるためのものであろう。そもそも、私たち以外の存在は、私たちにとって客体である前に、それ自体として主体である。そんなふうに考えていくと、もはや「環境」という言葉では表現しきれないものがあるのではないか――。そして、そんなときに想い起こされるのが、環境は〝私を除くすべて〟であり、それに対して、〝私を含むすべて〟は宇宙(universe)であると説く、バックミンスター・フラーの印象的な詩の一節である。

この〝環境〟的発想と〝宇宙〟的発想の対比――場合によっては所産的自然(natura naturata)と能産的自然(natura naturans)の関係を連想させるだろう――は、とても示唆的である。宇宙的発想は、有機的なまとまりをもった全体の一部あるいは一環として、私(たち)をイメージさせてくれる。私（たち）以外の存在と共通の全体的な主体性を背景あるいは基盤にした個体的な主体性。主体性を同じように分有する私たち以外の――三つの関係における――存在を、（無）意識的に客体化するような環境的発想と一線を画すのが、宇宙的発想である。しかし、そうはいっても、環境的発想に依拠した客体化や手段化を否定するつもりもない。

チョコレート一つとっても、私たち以外の生物の命そのものを手段としているわけであるし、また近年、身につまされることであるが、対処すべき客体としての自然、具体的には、災害としての自然も厳然としてある。フェアトレードの話でいえば、私たち以外の存在の、ある程度の客体化、そして手段化は――たとえ主体化が意図され実現されたとしても――商品交換という関係上、不可避であろう。ただその場合、〝私たち以外の存在が「必要」を剝奪されるような手段化〟はその主体化を妨げてしまう、ということを肝に銘じておかなければならない。主客の区別や関係を明確化する環境的発想の積極面は、そういったところにあると思う。

環境的発想と宇宙的発想は、どちらも適切で相互補完的である――そのように私は、今のところ考えている。そしてそれらは、これから私たちみんなが地球で生きていくうえで、一人ひとりが環境思想を豊かに活用する際の一助となる、と信じている。先の報告書のなかに、「最も広汎な意味において持続可能な発展へ向けた方策は、人間のなかでの調和と、人類と自然の調和とを促すことをめざしている」という一文があったが、ひょっとすると、このようなことと響き合うところがあるのかもしれない。

おわりに――課題の多さと可能性の大きさと

以上のように、持続可能な発展の考え方から導き出される三つの関係を理解するとともに、それらをヒントにしながら環境思想へのアプローチを試み、最終的に、「環境」という概念の内容と限界を確認してきた。最後に、こうした話の流れのなかであまり扱うことができなかった「社会環境」の、環境思想における重大さを指摘して、話を締めくくろうと思う。

人間は、集団を形成して計り知れない力を発揮し行使しうる存在である。環境問題をも引き起こしうる人間のこの集団性は、これまでの話に近づけていえば、「技術と社会組織の状態」や主体と環境の間の作用や影響といったテーマと結びつく肝要な観点である。したがって、社会環境の複雑な内実に迫り、現在の社会システムを構成する様々な経済的・政治的・文化的関係を考察する必要性については、〝人間についての思想〟でもある環境思想の課題として強調しておくべきであろう。ただ、こうした課題の多さは、可能性の大きさを示してもいる。持続可能な発展の視座を契機とした環境思想のさらなる深化を、私は期待し「願望」している。

文献案内

持続可能な発展に関する多数の重要文献を体系的に収録した**淡路剛久・川本隆史・植田和弘・長谷川公一編『持続可能な発展』**（有斐閣、二〇〇六年）や、人間と自然の関係と人間相互の関係の両方を視野に入れる〝共生〟の理念に着目した**矢口芳生・尾関周二編『共生社会システム学序説――持続可能な社会へのビジョン』**（青木書店、二〇〇七年）は、こうした課題に取り組むうえでも大きな助けになるだろう。

あとがき

尾崎寛直

「環境を守る」とはどういうことなのか、本書を通じて、読者の皆さんにはその課題の全体像をイメージしていただけただろうか。一口で「環境を守る」といっても一体誰のために守るのか、人間のためだけに守るのか、いやそもそも守るべき「環境」とは何なのか……。じつはこの問いは簡単に答えの出せない、近代以降の人間(社会)と自然の複雑な関係を孕(はら)んでいるのであり、同時に考えあわせなければならない社会的・経済的・政治的な構造問題も存在する。こうした複雑な問いに解を見いだすにはどんなことを学べばいいのだろう。

たとえば一九八〇年代以降、日本でも環境の汚染そのものを科学的に分析するような自然科学や、環境問題のメカニズムなどを分析する社会科学が急速に発展し、それを学び研究する人々も増えてきた。その発展に伴い、それぞれの学問は細分化・個別化されてゆき、そもそも「環境を守る」とは、という大きな問いを立てる学問的な機会が失われつつあるように思われる。明治・大正期の農学者・横井時敬のいう「農学栄えて農業亡(ほろ)ぶ」事態になってはいけない。

それゆえに、そうした諸科学の到達点を俯瞰し、過去から未来への時間軸、ローカルからグローバルまでの視野、多元主義や正義論など社会が築き上げてきた考え方や価値規範をふまえたうえで「環境を守る」ということをとことん突き詰めて考える学問が必要とされる時代になってきたのではないだろうか。「ミネルヴァの梟は黄昏に飛び立つ」――しばしば、哲学は時代の精神が成熟してから概念化するものだと言われるが、いままさに「環境」をめぐる哲学・倫理学的な思想が立ち現れる必然性が生じる時期に来ているといえそうだ。

このような学際的な性格を持つ環境思想を、多くの人々とりわけ若い学生諸君らに学んでほしいと思って、私たちはこの本を構想した。それゆえ本書は、環境思想をこれから学ぶ人の道標となることをめざして主要な論点を各章に盛り込んでいる。そうは言っても、初学者にとって哲学・倫理学的な思想がするりと頭に入ることはないだろう。そこで本書を編むにあたっては、各章においてなるべく「身近な話題から哲学する」ことに挑戦したこと――各章の「はじめに」を読んでほしい――、難解な概念をかみ砕き可能な限りの平易な言葉で言い表すことなどに努めて、読者が身近な話題からだんだんと各章で主題とする思想のポイントに到達するような章構成を意識したが、これらの試みがどこまで成功したかは読者の皆さんの判断に委ねるしかない。

基本的に本書は、第一章より順に第六章まで読み進めてもらって、「環境を守る」という主題にトータルに迫っていく構成としている。序論では「環境思想」そのものの位置づけや各章の流れを説明している。なお、各章末にはポイントとなる論点をより深く学んでみたい人のために、文献への誘いの意味を込めた〈文献案内〉を付しているので、学究の導きの糸になればうれしい。

最後に、著者らの属する「環境思想・教育研究会」は創設一〇周年を経て、いよいよ独自の学問分野の確立のための学会化に向けて動き出している。今後こうした諸科学の成果を包摂しつつ、真正面から「環境を守る」ことに向き合う学問研究はさらに活発化していくだろう。

尾関周二(序論)：編者／環境思想・教育研究会会長
1947年生まれ．東京農工大学名誉教授．環境哲学，共生哲学，人間学．主著に『環境思想キーワード』(共編著)，青木書店，2005年，『環境思想と人間学の革新』青木書店，2007年，『環境哲学のラディカリズム』(共編著)，学文社，2012年，『多元的共生社会が未来を開く』農林統計出版，2015年．『21世紀の変革思想へ向けて』(本の泉社，近刊)

上柿崇英(第1章)
1980年生まれ．大阪府立大学准教授．環境哲学，総合人間学．著書に『環境哲学と人間学の架橋』(共編著)，世織書房，2015年．

熊坂元大(第2章)
1976年生まれ．徳島大学准教授．環境倫理学．著書に『3STEPシリーズ 環境倫理学』(共著)，昭和堂，2020年．

関 陽子(第3章)
1979年生まれ．長崎大学准教授．環境哲学，環境倫理学．著書に『環境哲学と人間学の架橋』(共著)，世織書房，2015年．

大倉 茂(第4章)
1982年生まれ．東京農工大学専任講師．環境倫理学．著書に『機械論的世界観批判序説』学文社，2015年．

澤 佳成(第5章)
1979年生まれ．東京農工大学専任講師．環境哲学．著書に『人間学・環境学からの解剖』梓出版社，2010年，『リアル世界をあきらめない』(共著)，はるか書房，2016年．

布施 元(第6章)
1981年生まれ．東京家政大学非常勤講師ほか．共生社会思想．著書に「現代社会の〈共〉に関する人間学的考察」『総合人間学』第8号(オンライン・ジャーナル版)，2014年．

尾崎寛直(あとがき)：編者
1975年生まれ．東京経済大学教授．環境政策・環境福祉論．著書に『岐路に立つ震災復興』(共編著)，東京大学出版会，2016年．

環境思想・教育研究会　http://enviro-thought.sakura.ne.jp/

「環境を守る」とはどういうことか――環境思想入門　岩波ブックレット 960

2016年11月17日　第1刷発行
2021年 3 月 5 日　第3刷発行

編　者　尾関周二／環境思想・教育研究会

発行者　岡本 厚

発行所　株式会社 岩波書店
〒101-8002 東京都千代田区一ツ橋 2-5-5
電話案内 03-5210-4000　営業部 03-5210-4111
https://www.iwanami.co.jp/booklet/

印刷・製本　法令印刷　　装丁　副田高行　　表紙イラスト　藤原ヒロコ

ISBN 978-4-00-270960-4　　Printed in Japan